IT Sicherheitsmanagement

Ihr Praxis - Leitfaden!

In diesem Buch werden Sie

- die Grundlagen des IT Sicherheitsmanagement kennen lernen,
- herausfinden, wie Sie ein Projekt zum Aufsetzen oder Optimieren Ihres IT Sicherheitsmanagement durchführen können,
- die IT Sicherheit analysieren, bewerten und dokumentieren und
- viele nützliche Tipps für die Praxis erhalten.

Über den Autor:

Dr. Alfons Bridi

ist geschäftsführender Gesellschafter einer Unternehmensberatung für IT Strategie, IT Governance und IT Reorganisation, hat umfangreiche fachliche und organisatorische Erfahrungsschwerpunkte in den Bereichen Strategie und Organisationsentwicklung, IT-Governance und IT-Sicherheit, Change Management und war Leiter eines Softwareentwicklungslabors. Zum Thema IT-Sicherheit hat er für Banken, Industrieunternehmen sowie im öffentlichen Sektor IT Sicherheitsprojekte durchgeführt.

IT Sicherheitsmanagement

Ihr Praxis - Leitfaden!

Alfons Bridi

Lesehinweis:
Aus Gründen der einfachen Lesbarkeit wird auf geschlechtsspezifische Unterscheidungen, wie z. B. Mitarbeiter/Innen, etc. verzichtet. Entsprechende Begriffe gelten daher grundsätzlich für beide Geschlechter.

Bibliografische Information der Deutschen Nationalbibliothek
Die deutsche Nationalbibliothek verzeichnet diese Publikation in der deutschen Nationalbiografie, detaillierte bibliografische Daten sind im Internet über http://dnb.d-nb.de abrufbar.

Dieses Werk ist urheberrechtlich geschützt.

Alle Rechte, auch die der Übersetzung, des Nachdruckes und der Vervielfältigung des Buches, oder Teilen daraus, vorbehalten. Kein Teil des Werkes darf ohne schriftliche Genehmigung des Verlages in irgendeiner Form (Fotokopie, Mikrofilm oder ein anderes Verfahren), auch nicht für Zwecke der Unterrichtsgestaltung, reproduziert oder unter Verwendung elektronischer Systeme verarbeitet, vervielfältigt oder verbreitet werden.

© 2008 Dr. Alfons Bridi

Herstellung und Verlag: Books on Demand GmbH, Norderstedt

ISBN 9783837029093

Inhalt

1	Einleitung	9
1.1	Über dieses Buch	9
1.2	Warum IT Sicherheitsmanagement	10
1.3	Wer sollte dieses Buch lesen	12
2	IT Sicherheitsmanagement: Eine Einführung!	13
3	Aufbau von IT Sicherheitsmanagement	18
4	Treiber des IT Sicherheitsmanagements	21
5	Der prozessorientierte Ansatz für IT Sicherheitsmanagement	23
6	IT Sicherheitsmanagement und Unternehmensziele	25
7	Optimierung von IT Sicherheitsmanagement	27
8	Awareness	28
9	Auditing von IT Sicherheit	30
10	IT Sicherheitsmanagement und Aufbauorganisation	31
10.1	IT-Sicherheitsbeauftragter und IT-Sicherheitsteam	33
10.2	IT-Sicherheitsbereichs-Verantwortlicher	33
10.3	Datenschutz-Beauftragter	34
10.4	IT-Auditor	34
11	Externe Projektbegleitung ja oder nein	35
12	„Weiche" Faktoren im Zuge von IT Sicherheitsmanagement	37
13	So bauen Sie Ihr IT Sicherheitsmanagement auf!	39
13.1	Vorbereiten	40
13.2	Feststellen IT Sicherheitsstatus	41
13.3	IT Sicherheitsorganisation	43
13.4	IT Sicherheitspolitik	43
13.5	IT-K-Fall Konzept	45
13.6	IT Risikoanalyse	46
13.7	Maßnahmenkatalog	49
13.8	Freigabe Budget und Ressourcen für Umsetzungsmaßnahmen	51
13.9	Planen der Umsetzung	51
13.10	Freigabe der Umsetzung	51
13.11	Umsetzen der IT Sicherheitsmaßnahmen	

13.12 Schulung und Sensibilisierung	53
13.13 Abschluss Aufbau IT Sicherheitsmanagement	54
13.14 Änderungs- und Aktualisierungsverfahren	55
14 So organisieren Sie Ihr IT Sicherheitsmanagement Projekt!	56
14.1 Projektlenkung	56
14.2 Projektleitung	57
14.3 Projektteam	58
14.4 Externe Projektbegleitung	58
15 So lange dauert Ihr IT Sicherheitsmanagement Projekt!	59
15.1 Durchlaufzeitszenario eines Projektes in einem KMU	
15.2 Durchlaufzeitszenario eines Projektes in einem Großunternehmen	62
16 Ihre Toolbox zur Analyse des Status der IT Sicherheit!	63
16.1 Vorgehen zur Erhebung	63
16.2 Sicherheit der Organisation und Infrastruktur	63
16.3 Personelle Sicherheit	64
16.4 Physische und umgebungsbezogene Sicherheit	64
16.5 Netzwerksicherheit	65
16.6 Sicherheit der Hardware	65
16.7 Sicherheit der Applikationen	66
16.8 Sicherheit der Softwareentwicklung	66
16.9 Sicherheit der Daten und Sicherheit der Datenablage	
17 Ihre Toolbox zum IT Sicherheitsmanagement!	68
17.1 Bewährte Fragen zur Umweltanalyse des IT Sicherheitsmanagement	68
17.2 Checkliste Erhebung des Status des IT Sicherheitsmanagement	68
17.3 Checkliste SWOT-Analyse von IT Sicherheitsmanagement	70
:hecklist zur Bewertung von Zielen des IT Sicherheitsmanagement	71
;o erstellen Sie Ihre IT Sicherheitspolitik!	72
18.1 Inhalte der IT Sicherheitspolitik	73
19 Ihre Toolbox zur Erstellung des IT-K-Fall Handbuches!	74
19.1 Inhalte des IT-K-Fall Handbuches	74
19.2 K-Fall Klassifikation von Applikationen	74

19.3	Beispiel IT Ausfallszenarien	76
19.4	Klassifikation von Verfügbarkeiten	78
20	Ihre Toolbox zur IT Risikoanalyse!	80
20.1	Schutzbedarfskategorien	80
20.2	Beispiel Bedrohungskatalog	81
20.3	Inhalt IT Risikoanalyse	84
20.4	Checkliste zur Klärung von IT Sicherheitsproblemen	
21	Ihre Toolbox zum Maßnahmenkatalog!	86
21.1	Inhalt Maßnahmenkatalog	86
21.2	Klassifikation der Maßnahmen	86
22	Ihre Toolbox zu IT Sicherheitsrichtlinien!	87
22.1	Überblick IT Sicherheitsrichtlinien	87
22.2	Beispiel Richtlinie zur Internetverwendung	87
22.3	Checkliste für die Beschreibung von IT Sicherheitsrichtlinien	88
23	Ihre Toolbox zum Awareness Programm!	89
23.1	Checkliste Awareness Programm	89
24	Anhang	89
24.1	Grundlegende Begriffe	90
24.2	IT Sicherheitsmanagement und Normen	94
24.3	Literaturverzeichnis	96

1 Einleitung

1.1 Über dieses Buch

Bücher zum Thema IT Sicherheitsmanagement gibt es, jedoch viele für die Praxis nur bedingt einsetzbar. Der Leser kann sich dort viel Theorie aneignen, doch fehlt meist die konkrete Anleitung zur Umsetzung. Dies ist Grund und Motivation für diesen Praxis-Leitfaden.

Dieser Praxis-Leitfaden behandelt die Theorie nur soweit, als diese für das praktische Verstehen benötigt wird. Sie finden deshalb in diesem Buch viele Anleitungen für die praktische Arbeit, um die Optimierung Ihres IT Sicherheitsmanagement sofort und nachhaltig zum Erfolg zu bringen.

In diesem Buch werden Sie

- die Grundlagen des IT Sicherheitsmanagement kennen lernen,
- herausfinden, wie Sie ein Projekt zum Aufsetzen oder Optimieren Ihres IT Sicherheitsmanagement durchführen können,
- die IT Sicherheit analysieren, bewerten und dokumentieren und
- viele nützliche Tipps für die Praxis erhalten.

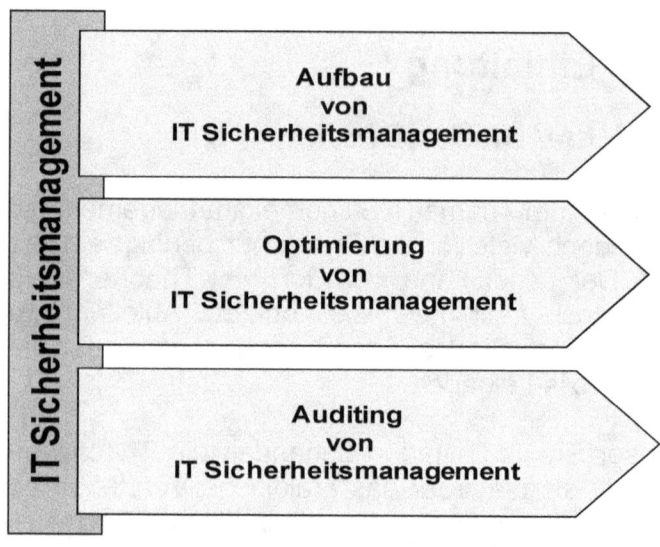

1.2 Warum IT Sicherheitsmanagement

Es gibt wohl kaum ein Wirtschaftsunternehmen oder eine öffentliche Verwaltung, die nicht die modernen Mittel der Kommunikationsgesellschaft einsetzt.

Die zunehmende Abhängigkeit der gesamten Geschäftsprozesslandschaft von Informations- und Kommunikationseinrichtungen sowie der technologische Wandel verlangen ein gesamtheitlich erarbeitetes Sicherheitsniveau und Schutzmaßnahmen zur Gewährleistung der optimalen Funktionsfähigkeit im Sinne von Betriebssicherheit, Informationssicherheit und Datenschutz.

Warum IT Sicherheitsmanagement?

- Die Informationen des Unternehmens sind neben „Personalressourcen, Knowhow und Kapital" der vierte Produktionsfaktor.
- Informationen stellen ein umfangreiches Betriebsvermögen dar.
- Konkurrenten können aus dem unberechtigen Zugang zu den Informationen Gewinne ziehen
- Eine Beeinträchtigung der Informationssicherheit kann existenzbedrohend sein.
- Die globale Vernetzung öffnet neue Bedrohungspotenziale.

→ *IT Sicherheit ist eine Investition, die sich rechnet!*

Es wird daher in diesem Praxisleitfaden ein systematischer Weg aufgezeigt, wie ein funktionierendes IT Sicherheitsmanagement auf Basis Sicherheitspolitik (IT Security Policy), IT Risikoanalyse und abgeleitete Maßnahmen aufgebaut bzw. optimiert und eine praktikable IT Sicherheitsorganisation etabliert und im laufenden Betrieb weiterentwickelt werden kann. Die dargestellte Vorgehensweise soll dabei insofern Mustercharakter haben, als sich spezifische Ausprägungen an ihr orientieren können.

1.3 Wer sollte dieses Buch lesen

Die Informationstechnologie (IT) hat sich rasant in der Wirtschaft und der öffentlichen Verwaltung verbreitet und heute hat sich die Erkenntnis durchgesetzt, dass keine Maßnahmen in der Informationstechnologie bzw. keine Hard- und Softwareprojekte durchgeführt werden sollten, ohne die IT Sicherheit zu berücksichtigen und ins Gesamtportfolio der Hardware und Software Systeme abgestimmt einzubringen.

Organisations- und Personalentwickler, Projektleiter, Business-Analysten, System-Analytiker, Software-Entwickler, IT Sicherheitsmanager und Consultant sehen sich mit der Tatsache konfrontiert, ohne IT Sicherheitsmanagement Knowhow keine optimalen Sicherheitslösungen zu finden. Die Zusammenarbeit und Kommunikation mit den Fachabteilungen wird immer komplexer und es gilt, mit einem praktikablen Vorgehen und hilfreichen Tools erfolgreich zu sein!

→*IT Sicherheitsmanagement geht alle an!*

Dazu soll dieser Praxisleitfaden helfen.

2 IT Sicherheitsmanagement: Eine Einführung!

Durch den Einsatz von Informationstechnologie werden viele Arbeitsprozesse gesteuert und große Mengen von Informationen in digitaler Form gespeichert oder elektronisch verarbeitet. Die so bearbeiteten Daten werden dann im Netz übermittelt. Vielerorts ist die Wahrnehmung öffentlicher oder privatwirtschaftlicher Aufgaben deshalb ohne IT überhaupt nicht mehr möglich.

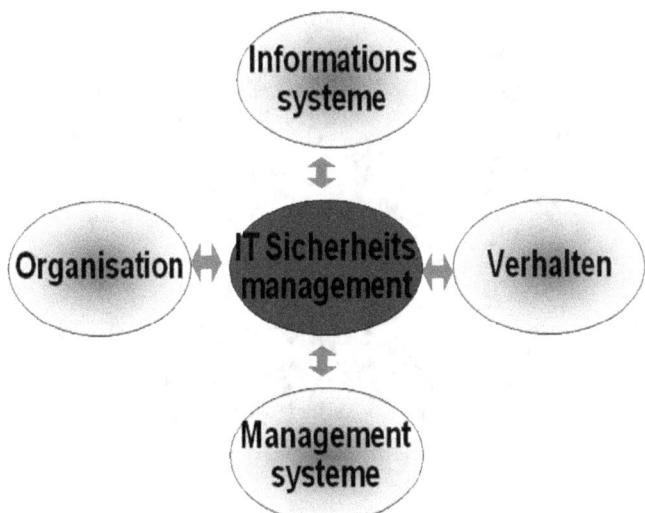

Es ist deshalb eine Abhängigkeit entstanden, die vielerorts vielleicht gar nicht gewollt oder auch noch gar nicht erkannt worden ist. Diese Abhängigkeit bringt es allerdings mit sich, dass man sich mit dem Thema IT Sicherheit auf der Ebene des Managements beschäftigt. Schaut man sich die Pressemeldungen der letzten Jahre an, so wird einem deutlich, dass aufgrund mangelnder IT Sicherheit immer wieder beträchtliche Schäden in Wirtschaftsunternehmen oder Behörden entstanden sind. Die Dunkelziffer ist mit „Sicherheit" um ein Vielfaches höher anzusetzen, da nicht jeder Datenverlust oder jeder Eingriff in die Daten genannt bzw. bekannt wird und oftmals das eigene Unternehmen auch gar nicht weiß, dass die Daten manipuliert worden sind.

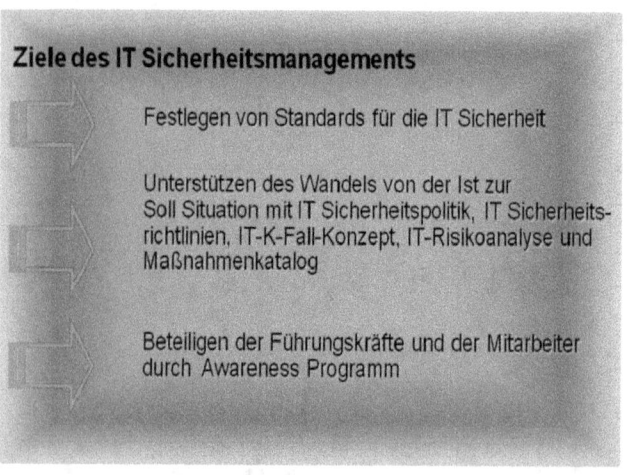

Ziel jedes Unternehmens muss es deshalb sein, ein unternehmensadäquates IT Sicherheitsniveau zu erreichen und zwar durch geeignete Anwendungen von organisatorischen, personellen, infrastrukturellen und technischen Standard-Sicherheitsmaßnahmen, die dem unternehmensspezifischen Schutzbedarf angemessen und ausreichend sind und als Basis für hochschutzbedürftige IT Anwendungen dienen kann.

Der Aufbau des IT Sicherheitsmanagement soll die folgenden strategischen Kernfragen klären:

- *Wohin will das Unternehmen und was ist der Beitrag der IT?*
- *Wo steht die IT Sicherheit heute?*
- *Wie organisieren wir IT Sicherheit?*
- *Wie hoch wird die Messlatte für IT Sicherheitsstandards im Unternehmen gelegt?*
- *Wie bereiten wir uns auf den IT-K-Fall vor?*
- *Welche IT Risiken sind wir bereit zu tragen?*
- *Wer macht was bis wann?*
- *Was wird es kosten?*

IT Sicherheit steht somit in direktem Zusammenhang mit den allgemeinen Sicherheitsbetrachtungen und Themen im Unternehmen. Das „Sicherheitsdach" ruht auf mehreren sicherheitsrelevanten Säulen, die in der nachstehenden Grafik dargestellt sind.

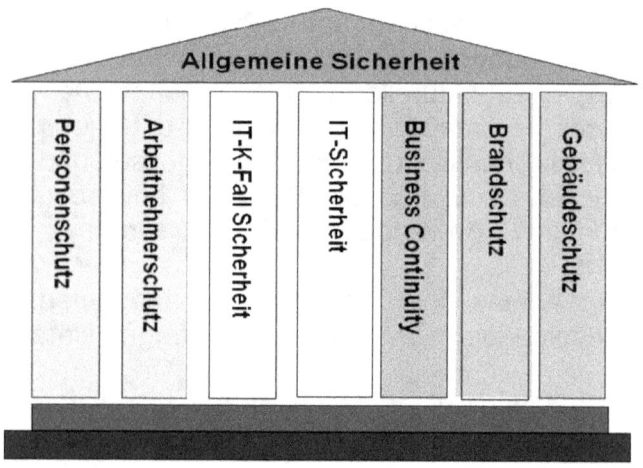

Im Gleichklang mit den wachsenden Anforderungen an die Informationstechnik ist auch deren Komplexität ständig gewachsen.

Ein angemessenes IT Sicherheitsniveau kann daher in zunehmendem Maße nur durch geplantes und organisiertes Vorgehen aller Beteiligten durchgesetzt und aufrechterhalten werden. Voraussetzung für die sinnvolle Umsetzung und Erfolgskontrolle von IT Sicherheitsmaßnahmen ist somit ein durchdachter und gesteuerter IT Sicherheitsprozess. Diese Planungs- und Lenkungsaufgabe wird als **IT Sicherheitsmanagement** bezeichnet.

Die Etablierung einer funktionierenden IT Sicherheitsorganisation steht IT Sicherheitsorganisation erfolgt notwendigerweise am Anfang des IT Sicherheitsprozesses.

Ein funktionierendes IT Sicherheitsmanagement muss in die existierenden Managementstrukturen eines Unternehmens eingebettet werden. Daher ist es praktisch nicht möglich, ein für jedes Unternehmen unmittelbar anwendbare IT Sicherheitsorganisation anzugeben, vielmehr werden häufig Anpassungen an organisationsspezifische Gegebenheiten erforderlich sein.

Es soll daher ein systematischer Weg aufgezeigt werden, wie ein funktionierendes IT Sicherheitsmanagement erstellt und eine praktikable IT Sicherheitsorganisation etabliert und im laufenden Betrieb weiterentwickelt werden kann. Die dargestellte Vorgehensweise soll dabei insofern Mustercharakter haben, als sich spezifische Ausprägungen an ihr orientieren können.

3 Aufbau von IT Sicherheitsmanagement

Zum Aufbau von IT Sicherheitsmanagement sind idealtypisch folgende Schritte durchzuführen:

- Erfassung der bestehenden Sicherheitsstandards = **IT Sicherheit Statusanalyse**
- Erarbeiten einer **IT Sicherheitsorganisation** inklusive Vorschlag für die Organisation, Rollenbild, Personalaufwand zu IT Sicherheit
- Erstellen der **IT Sicherheitspolitik** und **IT-K-Fall Konzept**
- Festlegen der Schutzwürdigkeit von IT Anwendungen, Dienstleistungen und Informationen = **Schutzbedarfsanalyse**
- Erfassen von bedrohten Objekten und deren Abhängigkeiten inklusive des Erfassens der relevanten Bedrohungen und Auswirkungen auf diese Objekte = **Bedrohungsanalyse**
- Analyse und Gewichtung der Risiken = **IT Risikoanalyse**
- Ableiten eines Vorschlags von Gegen- und Begleitmaßnahmen = **Maßnahmenkatalog** inklusive Priorisieren und grober Aufwandsschätzung sowie
- Erarbeiten des **Awareness Programm IT Sicherheit**

- **Detailplanung der Umsetzung**
- **Freigabe der Budgets und der Ressourcen**
- **Umsetzung** der Maßnahmen.

Die nachstehende Grafik soll einen verkürzten Überblick über den Ablauf bieten:

Ein umfassendes IT Sicherheitsmanagement basierend auf dem allgemeinen Sicherheitskonzept des Unternehmens hat mindestens die nachstehenden Punkte zu enthalten.

IT Sicherheitspolitik

IT Sicherheitsrichtlinien

IT-K-Fall Konzept & Disaster Recovery Planung

IT-K-Fall Handbücher

Betriebsführungshandbücher

Schutzbedarfs & Bedrohungsanalyse

IT Risikoanalyse

Maßnahmenkatalog & Umsetzungsplan

IT Sicherheitsorganisation

IT Sicherheitsaudit

4 Treiber des IT Sicherheitsmanagements

Die zunehmende Abhängigkeit der gesamten Geschäftsprozesslandschaft von Informations- und Kommunikationseinrichtungen verlangt ein gesamtheitlich erarbeitetes Sicherheitsniveau und Schutzmaßnahmen zur Gewährleistung der optimalen Funktionsfähigkeit im Sinne von Datensicherheit und Datenschutz.

Aus dem technologischen Wandel sowie der Umstrukturierungen der Geschäftsprozesse ergibt sich die Notwendigkeit eines abgestimmten und angepassten IT Sicherheitsmanagement.

Die Treiber für IT Sicherheitsmanagement sind:

- Entwicklung des IT Marktes
- neue Technologien
- neue Anwendungsbereiche
- IT Sicherheitsereignisse, z.B. Hacker, etc.
- Misstrauen der Anwender
- Misstrauen der Kunden
- Gesetzliche Anforderungen und Normen, z.B. ISO27001, ITIL)

Treiber für den Aufbau von IT Sicherheitsmanagement sind oft IT Sicherheitsereignisse, wie z.B. die folgenden aus dem „Firmenalltag" zeigen:

Art	Ereignis
Verlust der Vertraulichkeit	missbräuchliches Kopieren von Kundendaten durch einen Mitarbeiter in Kündigungsphase
Verlust der Verfügbarkeit, Betriebssicherheit,...	Wartungsfirma löscht wegen Platten Aufräumungsarbeiten irrtümlich FIBU Datenbank, Ausfallzeit je 8 Stunden in der Arbeitszeit für 15 Personen
Virenbefall	Virenbefall mit Ausfallzeiten bis zu einem Tag pro PC
Malversationen, Diebstahl, Einbruch,..	Diebstahl von Laptop aus Firmen PKW
Brand	Brandausbruch in Kantine oberhalb RZ
Bombendrohung	Bombendrohung und Hausräumung
Wassereinbruch RZ	Überschwemmung mit Wassereinbruch in RZ
Zutrittssicherheit	RZ Türe unversperrt und Sperrmechanismus der Türe blockiert; keine Reaktion auf Alarmmeldung des Zutrittskontrollsystems durch Portierdienst

5 Der prozessorientierte Ansatz für IT Sicherheitsmanagement

Der prozessorientierte Ansatz für IT Sicherheitsmanagement geht davon aus, dass organisatorisch zusammengehörige Teilaufgaben zum IT Sicherheitsmanagement zusammengefasst werden, um ein bestimmtes Ziel zu erreichen.

IT Sicherheitsmanagement stellt im Gegensatz zur funktionsorientierten Ablauforganisation eine integrative Betrachtungsweise der Abläufe in den Vordergrund.

Beispiel IT Sicherheitsmanagement Aufgaben vor Optimierung:

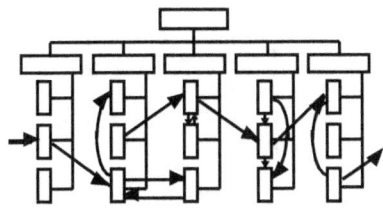

- historisch gewachsen
- viele Stellen involviert
- nicht abgestimmte IT Sicherheitsmaßnahmen

→ „die Sicherheitskette ist so stark wie Ihr **schwächstes Glied**".

Beispiel IT Sicherheitsmanagement Aufgaben Soll (nach Optimierung):

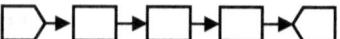

- klare Ausrichtung auf das IT Sicherheitsmanagement
- IT Sicherheitsmaßnahmen sind abgestimmt und werden laufend aktualisiert

→ „die Sicherheitskette ist so stark wie **jedes Ihrer Glieder**".

6 IT Sicherheitsmanagement und Unternehmensziele

Eine der kritischen Erfolgsfaktoren bei der Einführung bzw. Optimierung von IT Sicherheitsmanagement ist die Verbindung des „neuen" IT Sicherheitsmanagements mit der Vision und Strategie des Unternehmens. Nur dadurch ist gewährleistet, dass das IT Sicherheitsmanagement so gestaltet wird, dass alle Mitarbeiter an „einem Strang ziehen", die IT Sicherheitsmaßnahmen geeignet sind die Unternehmens- und Kundenbedürfnisse zu befriedigen und auch langfristig den Wert einer Kundenbeziehung zu sichern.

Die **Wertschöpfungskette** eines Unternehmens (nach Porter) bilden jene Aktivitäten, die zur Entwicklung, Produktion, Vertrieb und Auslieferung von Produkten und Dienstleistungen an den Auftraggeber bzw. Kunden durchgeführt werden. Wertschöpfungsketten können auch über Unternehmen hinweg miteinander verbunden werden und die Wertschöpfungsketten von Lieferanten und Kunden mit einschließen.

Die folgende Abbildung zeigt ein Beispiel einer einfachen Wertkette, bei der die Unterscheidung in primäre und unterstützende Aktivitäten getroffen wurde.

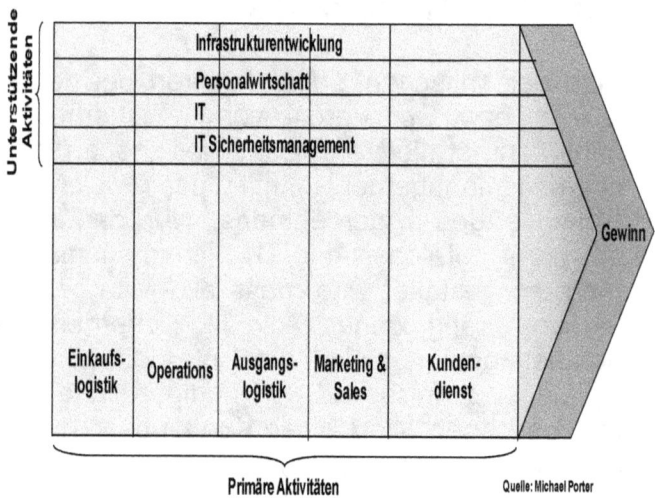

Quelle: Michael Porter

Wesentliches Merkmal der IT Sicherheitsmanagement sind dabei die Ziele, die die Schaffung eines Mehrwerts für den Kunden und / oder das Unternehmen sicherstellen sollen und die sich im Übrigen aus den Unternehmenszielen (hoffentlich vorliegend) ableiten lassen. Für jedes Ziel hat definiert zu sein, wie das Erreichen dieses Ziels gemessen werden kann.

Damit IT Sicherheitsmanagement die Unternehmensziele tatsächlich unterstützt, muss die Gesamtheit der Ziele des IT Sicherheitsmanagement der Gesamtheit der Unternehmensziele entsprechen.

7 Optimierung von IT Sicherheitsmanagement

Nach Abschluss des Aufsetzens des IT Sicherheitsmanagement kommt das Unternehmen in die Phase des kontinuierlichen IT Sicherheitsmanagements. IT Sicherheitsmanagement muss der Organisation und den sich ändernden Kunden-, Umfeld- und Sicherheitsanforderungen angepasst werden, d.h. es wird ein sogenannter Verbesserungszyklus durchlaufen.

Die Organisation des kontinuierlichen IT Sicherheitsmanagements hat die Aufgabe, den Zyklus der Verbesserung des IT Sicherheitsmanagement aufrecht zu erhalten.

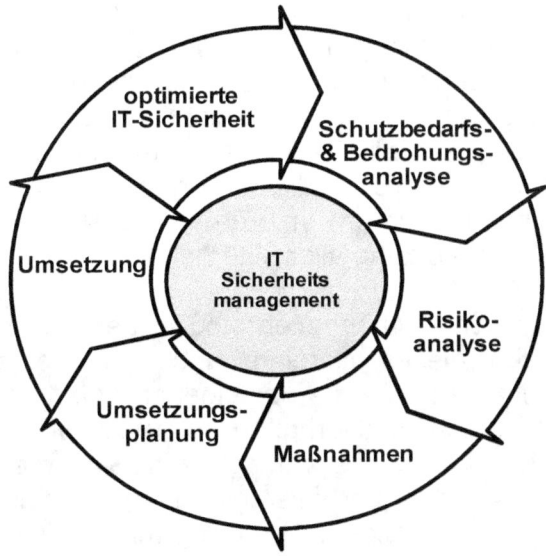

8 Awareness

Das Fundament des IT Sicherheitsmanagements und die Grundlage jeder Risikosteuerung ist ein adäquates **Sicherheits- bzw. Risiko-Bewusstsein = Awareness** ist.

Dieses Sicherheits- bzw. Risiko-Bewusstsein ist wiederum stark von der Risiko-Wahrnehmung im Unternehmen und der Führungskräfte abhängig.

In der Praxis hat sich gezeigt, dass die mangelnde Sensibilität bezüglich IT Sicherheit einerseits von den Führungskräften bzw. der IT beklagt wird, jedoch nur wenige Unternehmen sich dieses Problems aktiv und systematisch angenommen haben.

Das Sicherheitsniveau in einem Unternehmen lässt sich ohne eine Erhöhung des Sicherheitsbewusstseins der Mitarbeiter nicht steigern, denn die meisten Sicherheitsmechanismen und vor allem auch die unvermeidlichen organisatorischen Regelungen erfordern im Kern die positive und aktive Unterstützung aller Mitarbeiter.

Ursache von Fehlverhalten sind in den seltensten Fällen, die es allerdings auch gibt, Vorsatz oder kriminelle Energie der eigenen Mitarbeiter. Die „Regel" ist Fehlverhalten aufgrund von „Unkenntnis" oder "Missachtung" von Sicherheitsstandards und Sicherheitsregelungen, aber auch aus fehlender Praxis im Umgang mit etablierten

Schutzmechanismen oder einer aus Bequemlichkeit resultierenden „Nachlässigkeit". Als ein Beispiel dafür ist zu nennen die Passwortweitergabe an einen Kollegen bei längeren Abwesenheiten.

Zur Steigerung dieser Awareness der Führungskräfte und der Mitarbeiter empfiehlt es sich, ein Phasenprogramm aufzusetzen:

- Phase 1: Aufmerksamkeit
- Phase 2: Wissen vermitteln und Einstellung verändern
- Phase 3: Verstärkung
- Phase 4: Öffentlichkeit

Die Inhalte sind an jedes Unternehmen situations- und insbesondere kulturadäquat anzupassen.

Phase 1 „Aufmerksamkeit"	Phase 2 „Wissen vermitteln u. Einstellung ändern"	Phase 3 „Verstärkung"	Phase 4 „Öffentlichkeit"
• Plakate • Flyer • Logo der Kampagne • Web based Ist-Erhebung • Schreibens des Ministers	• Infoschreiben • Informationsveranstaltung • eLearning • Intranet-Seiten • Web based Trainings • Spezialtraining	• Web based Ist-Erhebung zur Evaluierung • Newsletter • Security Folder • Security Briefing • Intranet-Seiten • Web based Gewinnspiel • Preisverleihung	• Newsletter • Kundeninfo • Presse-Mitteilungen • Intranet-Info • Internet-Info

9 Auditing von IT Sicherheit

Auf der Suche nach Möglichkeiten und Ansatzpunkten zur Verbesserung der Effizienz und Effektivität von IT Sicherheitsmanagement führen Unternehmen mit steigender Tendenz kritische Überprüfungen, sogenannten **"Audit des IT Sicherheitsmanagements"**, durch.

Durch die Etablierung eines regelmassigen IT Sicherheitsaudit entsteht ein Regelkreis. So wird die Steuerung von IT Sicherheitsmanagement und das frühzeitige Erkennen von Abweichungen und gegebenenfalls notwendige Korrekturen ermöglicht.

Das IT Sicherheitsaudit betrachtet auf jeden Fall den gesamten IT Sicherheitsmanagementprozess, kann aber auch zur Betrachtung von Teilprozessen, Aktivitäten oder Tätigkeiten genutzt werden.

Das IT Sicherheitsaudit besteht primär mit dem Ziel: "Audit", das heißt die Überprüfung und Sicherstellung der Erreichung der Ziele des IT Sicherheitsmanagements und nicht dem Nachweis von Unzulänglichkeiten einzelner Personen oder Maßnahmen, was jedoch im Anlassfall dann ebenfalls zu überprüfen wäre.

10 IT Sicherheitsmanagement und Aufbauorganisation

Die Verbesserung der Wertschöpfung durch IT Sicherheitsmanagement erfordert sowohl eine adäquate Organisationsstruktur als auch eine gemeinsame Sprache der Führungskräfte.

IT Sicherheitsmanagement läuft „quer" zur Linienorganisation. Die Sicht ist nicht abteilungs- oder bereichsspezifisch, sondern bezogen auf Aufgaben und Tätigkeiten der IT Sicherheit.

Die Organisation des IT Sicherheitsmanagements wird durch Rollen und ihre Rolleninhaber definiert. Die Anzahl der Rollen muss nicht identisch mit der Anzahl der Rolleninhaber sein. Ein Rolleninhaber kann ein oder mehrere Rollen einnehmen.

Wesentliche Voraussetzung für eine erfolgreiche Implementierung der IT Sicherheitsorganisation ist eine klare Zuordnung von Verantwortlichkeiten.

Grundsätzlich ist von einer persönlichen Verantwortung für IT Sicherheit im persönlichen Verantwortungsbereich der Mitarbeiter auszugehen, d.h. IT Sicherheit „geht jeden an" und ist nur bedingt delegierbar.

Folgende Verantwortlichkeiten respektive Funktionsträger haben sich in der Praxis bewährt:

- *IT-Sicherheitsbeauftragter und IT-Sicherheitsteam*
- *IT-Sicherheitsbereichs-Verantwortlicher*
- *Datenschutzbeauftragter*
- *IT-Auditor*

Die Informationsflüsse zwischen den einzelnen Beteiligten sind wie folgt zu etablieren:

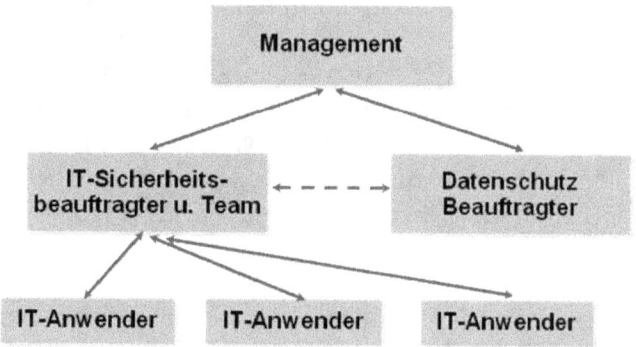

Es ist zu betonen, dass es sich bei diesen Funktionen bzw. Gremien, um Rollen handelt, welche von mehreren Personen wahrgenommen werden, daher ist auf die klare Trennung der Kompetenzen und Verantwortlichkeiten Bedacht zu nehmen.

10.1 IT-Sicherheitsbeauftragter und IT-Sicherheitsteam

Zentrale Aufgabe des IT-Sicherheitsbeauftragten und des IT-Sicherheitsteams ist die fachliche Koordination für unternehmensweite IT Sicherheitsfragen unter Berücksichtigung der IT Sicherheitspolitik und IT-K-Fall Konzept.

Der IT-Sicherheitsbeauftragte ist Vorsitzender des IT-Sicherheitsteams. Das IT-Sicherheitsteam wird aus den jeweiligen IT-Sicherheitsbereichs-Verantwortlichen gebildet.

Der IT-Sicherheitsbeauftragte mit dem IT-Sicherheitsteam ist für die Erarbeitung von Konzepten, Plänen, Vorgaben und Leitlinien zur IT Sicherheit verantwortlich.

Als weiteres Mitglied ist bedarfsweise ein Vertreter des Facility Management zu kooptieren.

10.2 IT-Sicherheitsbereichs-Verantwortlicher

Die Komplexität moderner IT Systeme erfordert zur Gewährleistung eines angemessenen Sicherheitsniveaus tief gehende Systemkenntnisse, die von einer einzelnen Person i.a. nicht mehr abgedeckt werden können, insbesondere da mehrere unterschiedliche HW- und SW-Plattformen zum Einsatz gelangen. Daher ist es notwendig, IT-Sicherheitsbereichs Verantwortliche zu definieren.

Kern dieser Verantwortung ist das Festlegen von nachvollziehbaren und auditierbaren Verfahren im Bereich der IT Sicherheit und IT-K-Fall Vorsorge, wie z.B. IT Wiederanlaufmaßnahmen.

10.3 Datenschutz-Beauftragter

Zentrale Aufgaben des Datenschutz-Beauftragten sind die Beratung bzw. Wahrnehmung der datenschutzrechtlichen Belange laut Datenschutzgesetz sowie die fachliche Verantwortung für Fragen des Datenschutzes, insbesondere Anmeldung und Aktualisierung von Applikationen bei der Datenschutzkommission, Auskünfte zu personenbezogenen Daten und Informationsdrehscheibe zu den Themen des Datenschutzes.

10.4 IT-Auditor

Vom IT-Auditor werden regelmäßige und stichprobenartige Kontrollen der „Self Audits" der IT Sicherheitsbereichs Verantwortlichen durchgeführt. Anlassbedingte Audits können im Auftrag der Geschäftsführung durchgeführt werden.

11 Externe Projektbegleitung ja oder nein

Im Zuge der Überlegungen vor dem Aufsetzen des IT Sicherheitsmanagement stellt sich die Frage, dieses Projekt selbst durchzuführen oder sich dafür externe Unterstützung zu sichern.

Oft gehörte Argumente für die Durchführung ohne externe Unterstützung sind:

- „Das können wir alleine!"
- „Wir wissen wie die neue Technologie funktioniert!"
- „Wir sind schon an der Grenze der Profitabilität und jetzt soll ein teurer Berater kommen!"

Folgende Argumente für eine externe Projektbegleitung sind ebenfalls zu nennen:

- „Wir kommen alleine nicht weiter!"
- „Der Prophet im eigenen Land gilt nichts!"

Praktische Erfahrung aus zahlreichen IT Sicherheitsprojekten haben gezeigt, dass es nicht die mangelnde Leistungsbereitschaft der Führungskräfte und Mitarbeiter, nicht der Mangel an Änderungsbereitschaft oder auch methodischen Unsicherheiten sind, die den Erfolg in Frage stellen, vielmehr dominieren die zwischenmenschlichen und organisatorischen Fähigkeiten der Projektbeteiligten den Projekterfolg.

Aus diesem Grunde empfiehlt sich das Beiziehen externer Unterstützung, wobei angemerkt wird, dass der Erfolg massiv beeinflusst wird durch einen Ziel führenden Beratungsansatz.

Ausgangspunkt dazu ist, dass der externe Berater nicht die Rolle des Projektleiters erhält, sondern die eines „Projektbegleiters", welche im Folgenden skizziert wird.

Der Projektbegleiter fungiert bei IT Sicherheitsprojekten als Berater und Feedbackgeber, der den Führungskräften keine Verantwortung abnimmt. Der Projektbegleiter ist nicht der "Macher", da darin die große Gefahr besteht, dass der Auftraggeber, insbesondere die Führungskräfte, damit zu "Gemachten" degradiert werden könnten.

12 „Weiche" Faktoren im Zuge von IT Sicherheitsmanagement

Wenn neue Unternehmensstrategien neue Anforderungen an die IT Sicherheit zur Folge haben, hat das in der Regel auch Auswirkungen auf die Aufbau- und Ablauforganisation. Damit verbunden sind Änderungen von Rollen und damit meist auch eine Änderung der geforderten Skills der Mitarbeiter.

Im Zuge der Einführung von IT Sicherheitsmanagement zeigt sich als wesentlicher Faktor der Einfluss der beteiligten Personen, im Folgenden auch als „weiche" Faktoren bezeichnet. Damit Projekte zur IT Sicherheit erfolgreich sein können, hat der Veränderungsprozess, im Folgenden auch Change Prozess genannt, auch die weiteren „weichen" Faktoren wie Unternehmenswerte und Unternehmenskultur zu umfassen.

Ein Change Prozess bedeutet eine bewusst herbeigeführte Veränderung und Steuerung, was auch ethische Fragen aufwerfen kann. Die möglichen Folgen eines derart durch das Change Management initiierten Entwicklungs- bzw. Veränderungsprozesses sind ebenfalls offen zu thematisieren. Jeder Change Prozess ist einmalig und anders und wird jedes Mal neu gestaltet. Dies bedeutet aber auch, den Change Prozess nicht genau vorhersagen zu können.

Im Zuge des Change Prozesses ist ein wesentliches, zentrales Thema die Weiterentwicklung der internen und externen Kommunikations- und Informationsflüsse.

Zur „Mobilisierung" der Mitarbeiter ist es zwingend notwendig, nach dem Design des Change Prozesses, diese über das Projekt zu informieren und mit einzubinden. Im Startmeeting der Umsetzungsphase (Transition) wird seitens der Geschäftsführung gemeinsam mit der Projektleitung die „Change Roadmap" bekannt gegeben, d.h.

- *die geplanten Meilensteine,*
- *welche Ressourcen betroffen sind,*
- *von wem welche Entscheidungen zu treffen sind,*
- *welches Informationskonzept zugrunde liegt,*
- *etc.*

Im Rahmen der Change Prozesses, wird von den Mitarbeitern sowohl Lern- als auch Änderungsbereitschaft unter Berücksichtigung der persönlichen Arbeitsumgebung und der spezifischen Rollen und Skills der Mitarbeiter gefordert. Deshalb wird seitens der Führungskräfte möglicherweise punktuell eine Potentialanalyse für einzelne betroffene Mitarbeiter durchzuführen sein. Der nächste Schritt ist dann die Planung von Schulungs- und Ausbildungsmaßnahmen für das erforderliche Re Skilling.

13 So bauen Sie Ihr IT Sicherheitsmanagement auf!

Der Aufbau des IT Sicherheitsmanagement wird in Form eines Projektes mit definierten Phasen durchgeführt. Der Planung, Projektierung und erfolgreichen Einführung von IT Sicherheitsmanagement liegen einige wichtige Erfolgsfaktoren zu Grunde:

- breitflächige Zustimmung zu den Zielsetzungen des Managements
- proaktive Mitarbeit bei der Status Analyse und dem Erarbeiten der weiteren Arbeitsergebnisse
- „offene" Kommunikation im Zuge des Projektes.

Mit dem hier erläuterten Vorgehen sind Sie auf der sicheren Seite und haben die Projekt-Risiken unter Kontrolle. Auch in IT Sicherheitsprojekten gelten die Grundsätze eines professionellen Projektmanagements. In diesem Kapitel wird auf die wichtigsten Besonderheiten für IT Sicherheitsprojekte eingegangen.

Dabei sind die folgenden Phasen zu durchlaufen:

▶ *Vorbereiten*

▶ *Feststellen IT Sicherheitsstatus*

▶ *IT Sicherheitsorganisation*

▶ *IT Sicherheitspolitik & IT-K-Fall Konzept*

- *IT Risikoanalyse*
- *Maßnahmenkatalog*
- *Budgetierung und Freigabe der Ressourcen*
- *Umsetzung*
- *Abschluss*

Die folgende Grafik verdeutlicht die Phasen:

Es folgt eine Erklärung der Inhalte und Ergebnisse jeder vorgeschlagenen Phase.

13.1 Vorbereiten

Im Rahmen dieser Phase werden nach den Erstgesprächen mit der Geschäftsführung durch die Projektleitung die Projektplanung und die Umfeldanalyse des Projektes durchgeführt.

Das Vorgehen ist dabei wie folgt:

- Projektkickoff mit Projektlenkung und Projektteam inklusive Basis Schulungen zum IT Si-

cherheitsmanagement zur Schaffung gemeinsamer Begriffe für die weitere Projektarbeit und
- Sichten der vorhandenen Dokumente zu Vision, Unternehmensleitbild, Führungsleitbild, Aufbauorganisation, Ablauforganisation, eventuell bereits vorhanden IT Sicherheitsmanagement Dokumentation, IT Sicherheitsmanagement-Kennzahlen, Analysen der Netzwerksicherheit, etc.
- Abklärung der Schnittstellen der im Projekt zu behandelnden Organisationseinheiten untereinander als auch zu anderen Institutionen, wie Unternehmen, Dienstleistern, etc.
- Vorbereitung und Präsentation Projekt-Lenkungsausschuß sowie Benennen von Interviewpartnern

13.2 Feststellen IT Sicherheitsstatus

Die Ziele dieser Phase sind die Erhebung des Staus der IT Sicherheit und die Darstellung der Stärken- und Schwächen des IT Sicherheitsmanagement.

Das Vorgehen ist dabei wie folgt:

- Vorbereiten eines Interviewleitfadens
- Information an die zu Interviewenden und Terminkoordination
- Durchführen der IT Sicherheitsanalyse in Form von strukturierten und dokumentierten Interviews

- Durchführung der Datensammlung
- Begehungen an ausgewählten Standorten
- Erhebung der Ressourcenbindung in den einzelnen IT Sicherheitsmanagementbereichen
- Erarbeiten Mengengerüst und Kennzahlen des IT Sicherheitsmanagement
- Zusammenfassung des Ist Zustandes sowie Dokumentation bisher eingetretener sicherheitsrelevanter Vorfälle und Darstellen von Stärken- und Schwächen der IT Sicherheit im Ist
- Vorbereitung und Präsentation im Projekt-Lenkungsausschuß

Im Rahmen der Phase werden die einzelnen „Untersuchungsbereiche" durchleuchtet. Dies geschieht durch Einzelinterviews mit den benannten Interviewpartnern.

Die zu untersuchenden Bereiche sind:

- Sicherheit der Organisation und Infrastruktur
- Personelle Sicherheit
- Physische und umgebungsbezogene Sicherheit
- Netzwerksicherheit
- Sicherheit der Hardware
- Sicherheit der Software
- Sicherheit der Daten
- Sicherheit der Softwareentwicklung
- Einhaltung Datenschutzgesetz 2000

Diese Untersuchungsbereiche zur IT Sicherheit werden später im Detail dargestellt.

13.3 IT Sicherheitsorganisation

Die Organisation der Sicherheit beinhaltet die Methoden und Verfahren zum Management von Informationssicherheit. Dies schließt auch die Sicherheit beim Zugang Dritter zu Informationen oder bei ausgelagerter Informationsverarbeitung (Outsourcing) ein.

Im Rahmen dieser Phase werden Vorschläge zur Organisation von IT Sicherheitsmanagement erarbeitet. Dabei werden die Vorschläge zur Organisation ressourcenorientiert, d.h. Personalaufwände größenordnungsmäßig beziffert.

Das Vorgehen ist daher zusammenfassend wie folgt:

- Erstellen Entwurf Organisation für IT Sicherheit
- Entwurf von typischen Tätigkeitsprofilen
- Abschätzung des Personalaufwandes
- Vorbereitung und Präsentation im Projekt-Lenkungsausschuß

13.4 IT Sicherheitspolitik

Die IT Sicherheitspolitik umfasst die strategische Ausrichtung und die Unterstützung der Geschäftsführung bei der Informationssicherheit.

Die IT Sicherheitspolitik, dokumentiert und gelebt, ist eine Kernvoraussetzung für das IT Sicherheitsmanagement.

Die IT Sicherheitspolitik (IT Security Policy) legt die sicherheitsbezogenen Ziele, Grundsätze, Verantwortlichkeiten und Methoden für die Gewährleistung der Sicherheit für alle Einsatzbereiche der Informationstechnologie fest.

IT Sicherheit ist gegeben, wenn ein ausgewogenes Verhältnis zwischen dem Schutzbedürfnis und dem Aufwand für Schutzmaßnahmen erreicht ist und die gesetzlichen Bestimmungen des Datenschutzgesetzes eingehalten sind.

Die IT Sicherheitspolitik bildet die Basis für alle Komponenten eines umfassenden IT Sicherheitsmanagements.

Die IT Sicherheitspolitik (IT Security Policy) soll die Leitlinien für die sicherheitsrelevanten Themen darstellen:

- Sicherheitsniveau
- Prinzip zur Vergabe von Zugriffsrechten
- Klassifikation von Verfügbarkeiten
- Klassifikation von Informationen
- Organisation der IT Sicherheitsgremien
- Vorgehen zur IT Risikoanalyse
- Eskalationsmechanismen sowie
- Festlegung zum Auditing sowie
- Verfahren zur laufenden Aktualisierung

- Prinzipien zum IT-K-Fall Schutz.

Technische Details sowie Einzelheiten zu Sicherheitsmaßnahmen und deren Umsetzung sind nicht Bestandteil der IT Sicherheitspolitik, sondern in nachgelagerten Richtlinien zu behandeln.

13.5 IT-K-Fall Konzept

Im IT-K-Fall Konzept werden die für einen Katastrophenfall erforderlichen Alarmierungsmaßnahmen, die Maßnahmen zum Schutz von Personen, Objekten und Daten sowie die Notfallmaßnahmen und nach Beendigung der Katastrophe die zum geordneten Wiederanlauf zu treffenden Maßnahmen sowie Übungsmaßnahmen und Verantwortlichkeiten festgelegt.

Die Ziele des IT-K-Fall Schutzes sind entsprechend der Phasen im IT-K-Fall festzulegen:

- das rasche Erkennen eine IT-K-Falls,
- das Alarmieren aller erforderlichen Stellen,
- rasches Einleiten von Notfallmaßnahmen zum Minimieren von Sachschäden und Folgewirkungen des K-Falls sowie
- Maßnahmen zum geordneten Wiederanlauf.

Ziel der Disaster Recovery Planung ist es, die Verfügbarkeit der wichtigsten IT Applikationen und IT Systeme innerhalb eines definierten Zeitraumes zu gewährleisten sowie Vorkehrungen zur Schadensbegrenzung im IT-K-Fall zu treffen. Weiters werden darunter Präventivmaßnahmen zur Vermeidung eines IT-K-Falles verstanden.

Die Details des Disaster Recovery sind in IT-K-Fall Handbüchern festzuschreiben. Technische Details sowie Einzelheiten zu IT-K-Fall Schutzmaßnahmen und deren Umsetzung sind nicht Bestandteil des IT-K-Fall Konzeptes, sondern sind bei den einzelnen Systemen in den sogenannten IT-K-Fall Handbüchern zu behandeln.

Verantwortlich für die Erstellung der Disaster Recovery Planung ist IT.

Unter Business Continuity Planung werden die über die Disaster Recovery Planung hinausgehenden Maßnahmen im Fachbereich, insbesondere die Maßnahmen zu Vorbereitung und Durchführung eine „papiergestützten" Notbetriebes verstanden.

Verantwortlich für die Erstellung der Business Continuity Planung sind die jeweiligen Fachbereiche mit Unterstützung von IT.

13.6 IT Risikoanalyse

Als Grundlage für das IT Sicherheitsmanagement wird in einer IT Risikoanalyse das Gesamtrisiko ermittelt und qualitativ bewertet. Ziel ist es, dieses Risiko so weit zu reduzieren, dass das verbleibende Restrisiko quantifizierbar und akzeptierbar wird.

In der Risikoanalyse werden den Risiken (Gefährdungen) die zu erwartenden Eintrittshäufigkeiten und die getroffenen bzw. noch zu treffenden Gegenmaßnahmen zugeordnet, sowie die Bewertung des verbleibenden Restrisikos vorgenommen.

Dazu werden die einzelnen Risiken für Standorte und IT Geräte in abgestuften Sicherheitszonen gebündelt. Auf diesen IT Geräten laufen unterschiedliche Applikationen, die ebenfalls klassifiziert werden.

In der Risikoanalyse werden den Risiken (Gefährdungen) die zu erwartenden Eintrittshäufigkeiten und die getroffenen bzw. noch zu treffenden Gegenmaßnahmen zugeordnet, sowie die Bewertung des verbleibenden Restrisikos vorgenommen.

Das Vorgehen zur Erstellung von Risikoanalysen erfolgt in Anlehnung an das von ISO27001 und BSI vorgeschlagene Vorgehen zum Risikomanagement.

Es empfiehlt sich, den Katalog von Schutzmaßnahmen auf den bekannten IT Sicherheitsereignissen und Risiken aufzubauen und soll zur übersichtlicheren Darstellung auf die konzeptionelle Gefährdungsebene beschränkt werden, da ansonsten im Maximalfall bis zu Tausend Einzelgefährdungen je System anzuführen wären.

Das generelle Vorgehen erfolgt in folgenden Schritten:

1. Definition der Schutzziele
2. Definition der Gefährdungen auf Basis der bekannten Sicherheitsereignisse, der erkannten Risiken und bekannten Gefährdungen
3. Durchführung der Risikobewertung anhand einer qualitativen Bewertung
4. Identifikation der getroffenen Maßnahmen zur Verhinderung bzw. Minderung des Risikos
5. Durchführung der Restrisikobewertung

Die folgende Grafik soll das verdeutlichen:

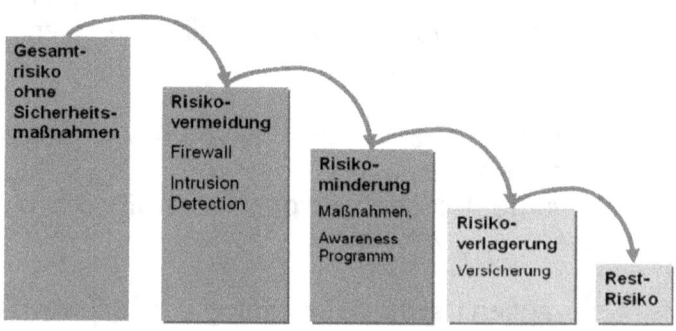

Zum Restrisiko ist anzumerken, dass ein gewisses Restrisiko immer bleibt, was es auch aus Sicht des Managements zu wirtschaftlich und technologisch zu „akzeptieren" gilt.

Im Rahmen der Phase wird die Risikoanalyse für die einzelnen Standorte auf Basis des Bedrohungsbildes in Matrixform dargestellt:

Risiko
Risikoeinschätzung Häufigkeit
Gegenmaßnahme
Wirkungsgrad
Restrisiko

13.7 Maßnahmenkatalog

Im Rahmen der Phase werden (Gegen)Maßnahmen auf Basis der IT Risikoanalyse erarbeitet. Diese Maßnahmen werden ressourcenorientiert (Aufwände und Kosten) größenordnungsmäßig beziffert.

Zur Frage der Opportunität von Maßnahmen kann folgende Klassifizierung getroffen werden:

- einmalige Maßnahme oder / und laufende Maßnahme
- materielle oder / und personelle Maßnahme
- Hardware oder Software bezogene Maßnahme
- organisatorische oder / und technische Maßnahme

- vorbeugende oder / und reaktive Maßnahme

Die folgende Graphik stellt den zu erwartenden Schaden die Eintrittswahrscheinlichkeit gegenüber und daraus abgeleitet werden „Maßnahmenszenarien" abgeleitet:

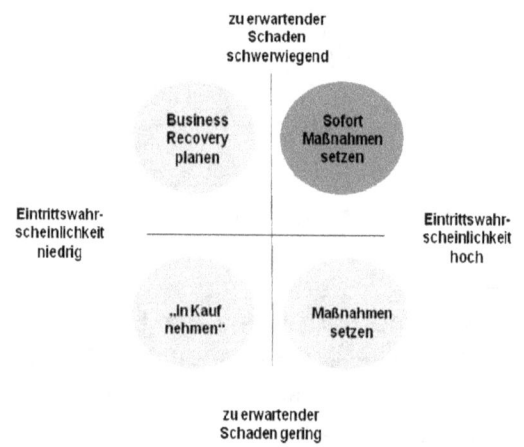

Diese Maßnahmen werden dann im nächsten Schritt ressourcenorientiert (Aufwände und Kosten) größenordnungsmäßig beziffert.

Das Vorgehen ist wie folgt:
- Erstellen Entwurf Maßnahmenkatalog
- Erstellen Vorschlag für weiteres Vorgehen zur Umsetzung der Maßnahmen
- Präsentation und Diskussion im Projektteam
- Qualitätssicherung

13.8 Freigabe Budget und Ressourcen für Umsetzungsmaßnahmen

In dieser Phase gilt es, die georteten Umsetzungsmaßnahmen der Projektlenkung und dem Management des Unternehmens zu präsentieren und die Freigabe des Budgets und der Ressourcen zu erwirken.

13.9 Planen der Umsetzung

Das Ziel dieser Phase ist die Detailplanung der Umsetzung.

Das Vorgehen ist dabei wie folgt:

- Benennen der Funktionsträger der IT Sicherheit gemäß IT Sicherheitsorganisation
- Erarbeiten des Projektplanes zum Umsetzen
- Erarbeiten des Change Programms inklusive Design eines geeigneten internen Kommunikationsprozesses
- Vorbereitung und Präsentation im Projekt-Lenkungsausschuß

13.10 Freigabe der Umsetzung

Ziel dieser Phase ist das Treffen der „Go-Entscheidung" durch die Geschäftsführung und

Projektlenkung und danach die Mobilisierung der Führungskräfte und der Mitarbeiter.

Das detaillierte Vorgehen ist:

- Entscheidung durch Geschäftsführung und Projektlenkung
- Vorbereiten und Durchführen des Startmeeting mit allen Betroffenen im Unternehmen

13.11 Umsetzen der IT Sicherheitsmaßnahmen

Das Ziel dieser Phase ist die Umsetzung der geplanten Aktivitäten zur Optimierung des IT Sicherheitsmanagements gemäß den vorher priorisierten Umsetzungsmaßnahmen.

Das Vorgehen dabei ist wie folgt:

- Festlegung der Aufgabenverteilung zur Bearbeitung des Maßnahmenkataloges durch die IT Sicherheitsverantwortlichen
- Abarbeiten der technischen und organisatorischen Maßnahmen gemäß Aktivitätenplan
- Steuerung und Überwachung der Abarbeitung der Maßnahmen durch IT-Sicherheitsbeauftragter mit Unterstützung durch IT-Sicherheitsteam

13.12 Schulung und Sensibilisierung

Die IT Sicherheit beruht nicht ausschließlich auf technischen Lösungen, d.h. organisatorische und personelle Maßnahmen sind von gleicher Bedeutung. Die besten technischen Sicherheitsmaßnahmen bleiben wirkungslos, wenn die organisatorischen und personellen Voraussetzungen nicht erfüllt sind.

Alle in Betrieb, Wartung und Nutzung von IT Systemen involvierten Personen müssen durch adäquates sicherheitsbewusstes Verhalten zum Schutz der IT Systeme und der verarbeiteten Informationen beitragen.

Nur durch Verständnis und Motivation ist zu erreichen, dass Sicherheitsvorgaben in der täglichen Praxis verlässlich eingehalten und gelebt werden.

Folgende Schulungen zur **Awareness** sind regelmäßig durchzuführen:

- Basisschulung zur allgemeinen Sicherheit und allgemeinen Katastrophenschutz, die auch die wesentlichen Elemente der IT Sicherheit und des Datenschutzes enthält. Diese Schulung erfolgt bei Eintritt in das Unternehmen sowie regelmäßig jährlich durch den IT-Sicherheitsbeauftragten gemeinsam mit dem Datenschutzbeauftragten.

- Anlassbezogene Schulungen zur Stärkung des Sicherheitsbewusstseins durch den IT-Sicherheitsbeauftragten gemeinsam mit dem Datenschutzbeauftragten
- Allgemein zugängliche Bereitstellung aktueller Informationen für die Mitarbeiter im Intranet.

13.13 Abschluss Aufbau IT Sicherheitsmanagement

Ziel der Phase ist der geplante Abschluss und dient zum Aufarbeiten für das Projektteam im Sinnen von „Lessons Learned".

In einem Workshop werden die Erkenntnisse für weitere kommende ähnliche Projekte strukturiert festgeschrieben und archiviert und stehen so bedarfsweise zur Abkürzung der Lernkurve zur weiteren Verfügung.

Das Vorgehen dabei ist wie folgt:

- Vorbereitung und Durchführen des Workshops „Lessons Learned"
- Vorbereiten und Durchführen des abschließenden Meetings der Projektlenkung.

13.14 Änderungs- und Aktualisierungsverfahren

Das IT Sicherheitskonzept, d.h. IT Sicherheitspolitik, IT-K-Fall Konzept, IT Risikoanalyse, IT Maßnahmenkatalog, IT Richtlinien, etc. stellen keine einmal erstellten, unveränderbaren Dokumente dar, sondern diese sollen regelmäßig, d.h. im Zeitabstand von 1 bis 2 Jahre und im Anlassfall auf Aktualität überprüft werden bzw. sind diese bei Bedarf entsprechend anzupassen.

Insbesondere ist es von Bedeutung, dass die Liste der existierenden bzw. noch umzusetzenden Sicherheitsmaßnahmen stets dem tatsächlich aktuellen Stand entspricht.

14 So organisieren Sie Ihr IT Sicherheitsmanagement Projekt!

Folgende Projektorganisation hat sich bewährt:

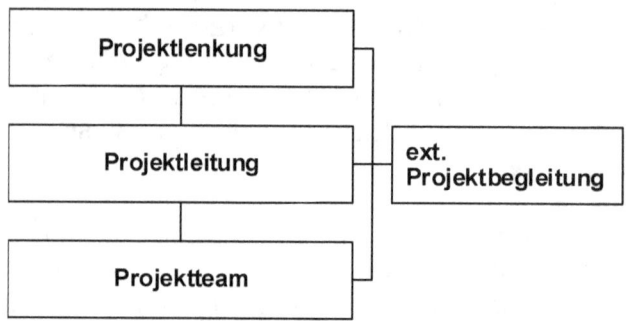

Die Aufgaben und Verantwortlichkeiten dieser Rollen werden weiter unten dargestellt.

14.1 Projektlenkung

Die Projektlenkung überwacht den zeitlichen Verlauf des Projekts sowie die Qualität der abgenommenen Dokumente und Ergebnisse auf Meilensteinebene.

Die Projektlenkung (Gremium) tritt mindestens einmal im Monat zusammen. Außerordentliche Sitzungen können durch die Projektleitung bedarfsweise einberufen werden.

14.2 Projektleitung

Die Projektleitung führt das Projektteam. Zu den Aufgabengebieten der Projektleitung gehören die gesamtverantwortliche Projektplanung, die Projektsteuerung und das Berichtswesen.

Der Projektleiter ist berechtigt, termingerecht und das Projekt betreffende Entscheidungen herbeiführen.

Im Rahmen der Projektplanung werden von der Projektleitung folgende Dokumente erstellt:

- Projektplan
- Aktivitätenplan
- Durchführungsplan
- Mitarbeitereinsatzplan
- Qualitätssicherungsplan
- Kommunikationsplan.

Die Festlegungen werden im „Projekthandbuch" dokumentiert und im Rahmen eines Projekt-Kickoff gegenüber allen Projektmitarbeitern kommuniziert.

Die Projektleitung berichtet an die Projektlenkung und nimmt an allen Sitzungen des Gremiums teil.

14.3 Projektteam

Es werden Projektmitarbeiter gewählt, die fachlich verantwortliche und mit der vertragsgegenständlichen Thematik vertraut sind.

14.4 Externe Projektbegleitung

Die Aufgabe der externen Projektbegleiter ist das Vermitteln von methodisch-technischem Projektmanagementwissen und insbesondere der Unterstützung, die zwischenmenschlichen und organisatorischen Klippen im Projekt zu umschiffen.

Der Leitgedanke der Projektbegleitung ist Begleitung statt "Bestimmung", wobei neben dem Einbringen als Fachexperten für IT Sicherheitsmanagement, somit der „harten" Faktoren, auch das „Steuern" der „weichen" Faktoren wie die Sache auf den Punkt bringen, Anliegen konkretisieren, klare und offene Kommunikation zu unterstützen und fördern sowie Wertschätzung und Respekt im Projektteam sicherzustellen, eingebracht wird.

15 So lange dauert Ihr IT Sicherheitsmanagement Projekt!

In Folgenden wird ein typisches Durchlaufzeitszenario aufgezeigt.

Bei den Durchlaufzeitangaben wird davon ausgegangen, dass die notwendigen Mitarbeiter oder deren Vertreter im benötigten Ausmaß zur Verfügung stehen und Abstimmgespräche bzw. die Verabschiedung der Meilensteinergebnisse zügig erfolgt.

Erfahrungsgemäß unterliegen die Durchlaufzeiten für ein Projekt zum Aufbau des IT Sicherheitsmanagements einer breiten Streuung die abhängig ist vom Detaillierungsgrad der IT Sicherheits- und IT Risikoanalyse und des damit verbundenen Abstimmbedarfes.

15.1 Durchlaufzeitszenario eines Projektes in einem KMU

Das typische Durchlaufzeitszenario ist wie folgt:

Bezeichnung der Phase	Durchlaufzeit KMU
Vorbereitung	1 Wochen
Feststellen IT Sicherheitsstatus	1 bis 2 Wochen
IT Sicherheitspolitik	1 bis 2 Wochen
IT Risikoanalyse	1 bis 2 Wochen
IT Maßnahmenkatalog / Erstellung Sicherheitsrichtlinien	1 bis 2 Wochen
Budget und Ressourcenfreigabe	3 bis 4 Wochen
Umsetzung	ca. 1 Monat für Sofortmaßnahmen
	ca. 6 Monate für Kurzfristmaßnahmen
	ca.12 Monate für Mittelfristmaßnahmen
	und ca. 18 Monate für Langfristmaßnahmen

Anzumerken ist, dass die durchschnittliche Zeitbelastung des Projektleiters für dieses Projekt ca. 30 % und eines Projektmitarbeiters ca. 15 % beträgt.

Die Zuarbeiten der Fachbereiche beschränken sich auf Interviews, Auskünfte und Abstimmzeiten im einstelligen Prozentbereich.

Bei dieser Durchlaufzeitangabe wird davon ausgegangen, dass die notwendigen Mitarbeiter oder deren Vertreter im benötigten Ausmaß zur Verfügung stehen und Abstimmgespräche bzw. die Verabschiedung der Meilensteinergebnisse zügig erfolgt.

Aus der Erfahrung unterliegen die Durchlaufzeiten für die IT Sicherheitspolitik einer breiten Streuung abhängig vom Detaillierungsgrad der Sicherheitsgrundsätze und des damit verbundenen Abstimmbedarfes.

Ebenfalls einer hohen Durchlaufzeitbandbreite unterliegen die Durchlaufzeiten für die Umsetzungsmaßnahmen in Abhängigkeit des gewünschten IT Sicherheitslevels bzw. der bereits vorhandenen Maßnahmen für Disaster Recovery Maßnahmen. Bei letzteren bildet das Vorhandensein eines Backup-Rechenzentrums den Zentralpunkt.

15.2 Durchlaufzeitszenario eines Projektes in einem Großunternehmen

Das typische Durchlaufzeitszenario ist wie folgt:

Bezeichnung der Phase	Durchlaufzeit Großunternehmen
Vorbereitung	2 Wochen
Feststellen IT Sicherheitsstatus	3 bis 4 Wochen
IT Sicherheitspolitik	3 bis 4 Wochen
IT Risikoanalyse	3 bis 4 Wochen
IT Maßnahmenkatalog / Erstellung Sicherheitsrichtlinien	3 bis 4 Wochen
Budget und Ressourcenfreigabe	3 bis 4 Wochen
Umsetzung	ca. 3 Monate für Sofortmaßnahmen
	ca. 6 Monate für Kurzfristmaßnahmen
	ca.12 Monate für Mittelfristmaßnahmen,
	und ca. 18 Monate für Langfristmaßnahmen

16 Ihre Toolbox zur Analyse des Status der IT Sicherheit!

16.1 Vorgehen zur Erhebung

Die Erhebung und Analyse zum Status der IT Sicherheit wird im Rahmen von Workshops und Begehungen vorgenommen.

Zur Eingrenzung des Workshop-Inhaltes dienen die festgelegten Analysebereiche.

Die Analyseergebnisse werden in den Workshops erfasst und idealerweise für die Beteiligten im Workshop sofort visualisiert.

Die Untersuchungsbereiche werden im Folgenden detailliert:

16.2 Sicherheit der Organisation und Infrastruktur

Bestehende organisatorische Regelungen für IT Sicherheit werden untersucht im Hinblick auf:
- Festlegung der Verantwortlichkeiten
- Abgrenzung von IT Sicherheitsaufgaben
- Information der Mitarbeiter in Hinblick auf IT sicherheitsrelevante Themen und Ereignisse
- Umgang mit vertraulichen Schriftstücken und Kennzeichnungsvorschriften

- Datenträgerverwaltung, Verwendung von Datenträgern und Ablageverfahren der Datenträger
- Wartung und Reparatur von Betriebsmitteln
- Revisionsfähigkeit (Nachvollziehbarkeit)
- Geheimhaltungsverpflichtung mit Externen
- Wartungsvereinbarung, SLA, etc.
- Meldevorschriften für sicherheitsbedrohende Vorfälle inkl. Eskalationsregeln
- Vorgangsweise bei Übertretungen von sicherheitsrelevanten Maßnahmen

16.3 Personelle Sicherheit

Typischerweise werden untersucht:
- Voraussetzungen und Maßnahmen bei der Einstellung, beim Wechsel des Verantwortungsbereiches und beim Ausscheiden von Mitarbeitern, Werkvertragsnehmern, externen Kräften zum Thema IT Sicherheit
- Der Login-Prozess inklusive Passwortverwaltung und Authentisierungsverfahren
- Benutzer- und Gruppenverwaltung
- Schulungs- und Sensibilisierungsprogramme über Sinnhaftigkeit und Bedeutung des richtigen Verhaltens der Mitarbeiter in Sicherheitsangelegenheiten, Gewährleistung des Schulungsgrads

16.4 Physische und umgebungsbezogene Sicherheit

Typischerweise werden untersucht:

- Sicherung von Grundstücken und Außenhautsicherung der Objekte
- Zutrittsicherheit zu Bürogebäude, Büroräumlichkeiten, RZ, etc.
- Vergabe und Rücknahme von Zutrittsberechtigungen
- Zutrittskontrollsystem

16.5 Netzwerksicherheit

Typischerweise werden untersucht:
- Netzwerktopologie hinsichtlich allgemeiner Sicherheitslücken
- Vorschriften und Maßnahmen zum Virenschutz
- eingesetzten Firewall-Systeme
- Regelungen und Umgang mit diversen Fernwartungen

16.6 Sicherheit der Hardware

Typischerweise werden untersucht:
- Analyse und Klassifikation der erfassten Systeme hinsichtlich Gefährdungsklassen und Bedrohungspotential
- Die Standard- und Tele-Arbeitsplätze im Hinblick auf Datensicherheit (Bildschirmschoner, private Firewalls,..)
- Außerbetriebnahme von Geräten und Vorschriften zur gleichzeitigen Datenvernichtung

16.7 Sicherheit der Applikationen

Im Rahmen dieses Bereiches wird typischerweise untersucht:
- Sicherheitskonzept für Einsatz der Betriebssysteme
- Verteilungsmechanismen von Software
- Private Verwendung dienstlicher Hard- und Software
- Mail-System
- Softwareklassifikation nach Verfügbarkeitsklassen, etc.

16.8 Sicherheit der Softwareentwicklung

Die Sicherheit der Softwareentwicklung betrifft die Eigenentwicklungen der IT sowie Softwareentwicklungen durch Externe.
Typischerweise wird untersucht:
- Vorschriften für die Erstellung von Eigenentwicklungen (Entwicklerhandbuch)
- Vorschriften zur Versionierung und Archivierung von Eigenentwicklungen
- Verwendung von Echtdaten (insbesondere personenbezogener oder sensibler Daten) für Testzwecke bzw. bei Fehleranalyse
- technische Maßnahmen zur Trennung von Entwicklung und Produktionsumgebung
- Qualitätssicherungsmaßnahmen im Zuge der Softwareentwicklung

16.9 Sicherheit der Daten und Sicherheit der Datenablage

Im Rahmen dieses Bereiches wird typischerweise untersucht:
- Ablagekonzept der Daten sowie Zugriffsberechtigungen auf Daten
- Vorhandene Vorschriften hinsichtlich der Weitergabe von Daten sowie deren praktische Handhabung
- Die Datensicherung inklusive Bandverwaltung, etc.
- Umgang mit Datenträgern im Hinblick auf die organisatorischen und technischen Rahmenbedingungen, welche durch den Dezentralisierungsgrad der Server verursacht werden
- Vorgangsweise beim Ausscheiden von Datenträgern

17 Ihre Toolbox zum IT Sicherheitsmanagement!

17.1 Bewährte Fragen zur Umweltanalyse des IT Sicherheitsmanagement

- Welche Anforderungen liegen vor?
- Welche Wünsche bestehen?
- Wer ist bisher beteiligt?
- Wer ist betroffen?
- Wer ist noch zu beteiligen?
- Wie ist die Bedeutung der Aufgabe für den Bereich, das Unternehmen, für das Projektteam zu sehen?
- Welche Einstellung haben die Beteiligten, das Unternehmen, das Projektteam der Aufgabe gegenüber?
- Welche Auswirkungen hat es, wenn die Anforderung nicht gelöst wird?
- Wie ist das Umfeld der Anforderung zu charakterisieren?

17.2 Checkliste Erhebung des Status des IT Sicherheitsmanagements

Dazu gilt es im Zuge der Ist-Erhebung des Status die Fakten zu erheben und diese zu dokumentieren. Dazu hilft die folgende Checkliste:

1. Ist das IT Sicherheitsmanagement klar an der Strategie des Unternehmens ausgerichtet?
2. Wie ist die Bedeutung des IT Sicherheitsmanagements für das Unternehmen, den Geschäftsbereich, für die Abteilung zu sehen?
3. Sind die "Kunden" (Empfänger) und deren wesentliche Erwartungen an die IT Sicherheit bekannt und dokumentiert?
4. Welche Probleme aus Sicht des Kunden liegen vor?
5. Welche Wünsche aus Sicht des Kunden bestehen?
6. Sind die Schnittstellen zwischen den einzelnen IT Sicherheitsbereichen geregelt und beschrieben?
7. Sind die kritischen Erfolgsfaktoren des IT Sicherheitsmanagements identifiziert und dokumentiert?
8. Gibt es für die einzelnen IT Sicherheitsbereiche eindeutige Kennzahlen und Ziele für die Effizienz?
9. Werden Methoden zur Verbesserung des IT Sicherheitsmanagement systematisch angewandt?
10. Verfügt jeder IT Sicherheitsbereich über einen klaren Verantwortlichen?
11. Wer ist in welcher Form betroffen / beteiligt?
12. Ist jedem Mitarbeiter klar, in welchem IT Sicherheitsbereich er welche Aufgabe wahrzunehmen hat?

17.3 Checkliste SWOT-Analyse von IT Sicherheitsmanagement

Es sei hier eine sehr einfache und pragmatische Analysetechnik von IT Sicherheitsmanagement vorgestellt, die **„SWOT-Analyse"**:

- **S**trength = Stärken,
- **W**eakness = Schwächen,
- **O**bjects = Chancen
- **T**hreats = Risiken

Die Darstellung erfolgt in Form der folgenden Matrix:

Stärken	Schwächen
• erfahrene Mitarbeiter • Rahmenbedingungen ok	• keine festgeschriebene IT Sicherheitspolitik • keine festgeschriebenen IT Sicherheitsrichtlinien

Chancen	Risiken
• höherer IT Sicherheitslevel erreichbar	• keine

17.4 Checkliste zur Bewertung von Zielen des IT Sicherheitsmanagement

Seitens der Geschäftsführung besteht in der Regel der Bedarf an einer Optimierung von IT Sicherheitsmanagement, meist mit der Zielsetzung:

- Minimierung von Risiken und optimalerweise verbunden mit der
- Reduktion von IT Sicherheitsmanagementkosten.

Zur Überprüfung jedes einzelnen Zieles hat sich die Methode „SMART" bewährt:

Methode SMART

- *Specific?*
- *Measurable?*
- *Achievable?*
- *Realistic?*
- *Time-related?*

18 So erstellen Sie Ihre IT Sicherheitspolitik!

Die IT Sicherheitspolitik (IT Security Policy) legt die sicherheitsbezogenen Ziele, Grundsätze, Verantwortlichkeiten und Methoden für die Gewährleistung der Sicherheit für alle Einsatzbereiche der Informationstechnologie fest.

IT Sicherheit ist gegeben, wenn ein ausgewogenes Verhältnis zwischen dem Schutzbedürfnis und dem Aufwand für Schutzmaßnahmen erreicht ist und die gesetzlichen Bestimmungen des Datenschutzgesetzes eingehalten sind.

Die IT Sicherheitspolitik bildet die Basis für alle Komponenten eines umfassenden IT Sicherheitsmanagements, wie IT Sicherheitspolitik, Risikoanalyse, Maßnahmenkatalog, IT-K-Fall Konzept, etc.

Technische Details sowie Einzelheiten zu Sicherheitsmaßnahmen und deren Umsetzung sind nicht Bestandteil der IT Sicherheitspolitik, sondern in nachgelagerten Richtlinien zu behandeln.

18.1 Inhalte der IT Sicherheitspolitik

- Management Summary
- Begriffsdefinitionen
- Geltungsbereich
- Sicherheitspolitische Grundsätze
- Richtlinien zur IT Sicherheit
- Organisation der IT-Sicherheitsverantwortlichkeiten
- Verfahren IT Risikoanalyse und Risikobewertung
- Verhalten bei Sicherheitsereignissen und Eskalationsmechanismus
- Schulung und Sensibilisierung (Awareness Programm)
- Änderungs- und Aktualisierungsverfahren
- Anhang

19 Ihre Toolbox zur Erstellung des IT-K-Fall Handbuches!

19.1 Inhalte des IT-K-Fall Handbuches

Die Inhalte sind wie folgt:

- IT Alarmierungsplan
- IT Notfallmaßnahmen
- IT Wiederanlauf-Plan
- IT-K-Fall Übungsplan
- Grundsätze zur Datensicherung
- Festlegung von Verantwortlichkeiten
- Festlegung des Änderungsverfahrens und des Auditing

19.2 K-Fall Klassifikation von Applikationen

Ziel der **K-Fall Klassifikation von Applikationen** ist es, die Verfügbarkeit der wichtigsten Applikationen innerhalb eines definierten Zeitraumes zu gewährleisten sowie Vorkehrungen zur Schadensminimierung im K-Fall zu treffen.

Dabei wird zwischen der Aufrechterhaltung der Betriebsverfügbarkeit im Fall

- von IT Betriebsstörungen sowie der
- Gewährleistung eines IT Notbetriebes im IT-K-Fall unterschieden.

Nachfolgend wird das **Klassifizierungsschema des Bundeskanzleramtes (Quelle BKA)** dargestellt:

- **Kategorie 1 - Keine Vorsorge (unkritisch):**
  Für die IT Anwendung werden keine besonderen Vorkehrungen getroffen. Es ist ein Datenverlust bzw. Ausfall der IT Anwendung unbestimmter Dauer denkbar. Eine Behinderung in der Wahrnehmung der Aufgaben der betroffenen Verwaltungsstelle entsteht durch den Ausfall bzw. Datenverlust nicht.

- **Kategorie 2 - Offline Sicherung:**
  Es sind die gängigen Sicherungsmaßnahmen für die IT Anwendung vorgesehen, ein Datenverlust ist auszuschließen.
  Die IT Anwendung kann bei technischen Problemen erst nach deren Behebung am ursprünglichen Produktivsystem in Betrieb genommen werden. Die Sicherung wird an einen externen Ort ausgelagert.

- **Kategorie 3 - Redundante Infrastruktur:**
  Die Infrastruktur für die IT Anwendung ist derart ausgelegt, dass bei Ausfall einer IT Komponente der Betrieb durch redundante Auslegung ohne Unterbrechung fortgesetzt werden kann.

- **Kategorie 4 – Redundante Standort:**
  Die IT Infrastruktur sowie die darauf aufsetzende IT Anwendung ist auf zwei Standorte

verteilt, so dass bei Betriebsunterbrechung des einen Standortes die IT Anwendung uneingeschränkt am zweiten Standort weiter betrieben werden kann.

Zusätzlich zu den vier genannten Kategorien wird noch die Zusatzqualität „K-Fall Sicher" definiert, welche auch die Anforderungen im K-Fall berücksichtigt:

- **K-Fall sicher (K2 bis K4):**
  Die IT Anwendung ist derart konzipiert, dass zumindest ein Notbetrieb in einer Zero-Risk-Umgebung möglich ist. Dazu werden die Daten je nach Aktualisierungsgrad laufend in die Zero-Risk-Umgebung transferiert und der Betrieb der IT Anwendung derart gestaltet, dass ein Wiederaufsetzen eines definierten Notbetriebes in der Zero-Risk-Umgebung umgehend möglich ist. Eine Einbindung der Zero-Risk-Umgebung in den Normalbetrieb ist je nach Klassifikation der Applikation vorgesehen.

19.3 Beispiel IT Ausfallszenarien

Basierend auf den vorher genannten Kategorien werden IT Ausfallszenarien dargestellt:

Ausfallszenario bei K2 - Offline Sicherung

Die IT Anlage fällt aus und kann in der für die IT Anwendung definierten maximalen Ausfallszeit

nicht wieder in Betrieb genommen oder ersetzt werden, z:B.
- RZ Infrastruktur (Strom, Klima, usw.) fällt aus
- Punktuell örtlich begrenztes Ereignis, sodass das das RZ nicht mehr zugängig ist (Feuer, Wassereinbruch, usw.)
- Weiträumiges Ereignis, sodass der Standort des RZ nicht mehr zugängig ist (Erbeben, Hochwasser, Terroranschlag, usw.)

Ausfallszenario bei K3 - Redundante Infrastruktur

Die Funktionalität der Redundanz in der RZ Infrastruktur ist nicht mehr gegeben und kann in der für die IT Anwendung definierten maximalen Ausfallszeit nicht wieder in Betrieb genommen oder ersetzt werden, z.B. bei
- Ausfall redundanter IT oder Infrastruktur-Komponenten
- Punktuell örtlich begrenztes Ereignis, sodass das Gebäude des RZ nicht mehr zugängig ist (Feuer, Einsturz, Wassereinbruch, usw.)
- Weiträumiges Ereignis, sodass der Standort des RZ nicht mehr zugängig ist (Erbeben, Hochwasser, Terroranschlag, etc.)

Ausfallszenario bei K4 - redundanter Standort

Die Funktionalität des redundanten RZ Standortes ist nicht mehr gegeben und kann in der für die Anwendung definierten maximalen Ausfallszeit nicht wieder in Betrieb genommen oder ersetzt werden.

- Weiträumiges Ereignis, sodass beide RZ Standort nicht mehr zugängig sind (Erbeben, Terroranschlag, etc.)

19.4 Klassifikation von Verfügbarkeiten

Ziel der **Klassifikation von Verfügbarkeiten** von IT Systemen ist es, die Verfügbarkeit der wichtigsten IT Systeme innerhalb eines definierten Zeitraumes zu gewährleisten sowie Vorkehrungen zur Schadensminimierung im K-Fall zu treffen.

Die Harvard Research Group (HRC) teilt die Verfügbarkeiten in folgende Kategorien auf:

Availability Environment Classifications
(Quelle HRC):

- **AEC-0:** *konventionell*
  Datenintegrität ist nicht gewährleistet
- **AEC-1:** *hoch zuverlässig*
  Datenintegrität ist gewährleistet
- **AEC-2:** *hoch verfügbar*
  minimale Ausfälle, neues Einloggen notwendig.

- **AEC-3:** *Ausfälle abfedernd*
  keine Ausfälle, kein neues Einloggen notwendig
- **AEC-4:** *Ausfall tolerant*
  keine Ausfälle, kein Performanceverlust
- **AEC-5:** *Disaster tolerant"*
  unter „**keinen**" Umständen Ausfälle

Die folgende Tabelle verdeutlicht den Zusammenhang zwischen Klasse, Verfügbarkeiten in Prozent und Ausfalldauer in Stunden.

AEC	%	Ausfallzeit in Stunden bei 7*24 Betrieb pro Jahr
AEC-0	99%	87,60
AEC-1	99,9%	8,760
AEC-2	99,99%	0,876
AEC-3	99,999%	0,088
AEC-4	99,9999%	0,009
AEC-5	99,99999%	0,001

20 Ihre Toolbox zur IT Risikoanalyse!

20.1 Schutzbedarfskategorien

Es gelten die folgenden Schutzbedarfskategorien:

- **Vertraulichkeit:**
  Sicherstellen, dass Informationen nicht in die Hände Unberechtigter gelangen. Jeder Zugriff, der nicht durch eine klare Regelvorschrift „ausdrücklich zugelassen" ist, muss verweigert werden

- **Integrität:**
  Sicherstellen, dass Informationen / Anwendungen nicht manipuliert / verändert werden

- **Verfügbarkeit:**
  Sicherstellen, dass Informationen / Anwendungen / Hardware zur Verfügung stehen

- **Authentizität**
  Sicherstellen, vor Fälschung der Identität von Absendern / Empfängern von Informationen / Transaktionen

- **Verbindlichkeit:**
  Sicherstellen, dass die Kommunikation / Transport von Informationen / Transaktionen nicht abgestritten / verleugnet / manipuliert werden können.

20.2 Beispiel Bedrohungskatalog

Im Folgenden wird ein einfacher Bedrohungskatalog dargestellt:

Hardware

- Technisches Versagen
- Spannungsschwankungen
- Verschmutzung
- Gewaltanwendung
- Auswertung der Abstrahlung (Abhören)
- etc.

Software

- Spezifikationsfehler
- Codierfehler
- mangelhafte Versionsverwaltung
- mangelhafte Zugriffskontrolle
- unnötige Zugriffsrechte
- etc.

Anwendungsdaten

- fehlerhafte Eingabe
- Softwarefehler
- Hardwarefehler
- fehlerhafte Datenträger
- etc.

Datenträger

- Verlust, Diebstahl
- falsche Lagerung
- mangelnde Kennzeichnung
- unkontrollierte Weitergabe
- mangelnde Datensicherung
- etc.

Infrastruktur

- Höhere Gewalt
- Terroranschläge
- Ausfall der Versorgung
- Feuer
- Wasser
- etc.

Personal

- Ausfall
- Unkenntnis
- Überforderung
- Nachlässigkeit
- fehlende Kontrolle
- fehlende Regelungen
- etc.

Kommunikation
- Technische Ausfälle
- Überlastung
- unberechtiger Zugang
- Abhören
- etc.

Paperware
- Unvollständigkeit
- mangelnde Aktualität
- Diebstahl
- unzureichende Entsorgung
- etc.

20.3 Inhalt IT Risikoanalyse

Die IT Risikoanalyse für die einzelnen Standorte wird auf Basis der Gliederung des Bedrohungskataloges in Matrixform dargestellt:

Risiko:
Art des abzusehenden Risikos, das von einer Bedrohung ausgeht

Risikoeinschätzung:
die Häufigkeit (Eintrittswahrscheinlichkeit) der bisher eingetretenen Fälle inklusive der Bewertung des möglichen Schadens

Gegenmaßnahme:
getroffenen Ist Maßnahmen zur Abdeckung (Verhinderung / Minderung) des Risikos.

Wirkungsgrad:
Wirkungsgrad der gesetzten Maßnahmen zur Verhinderung / Verminderung der erkannten Risiken.

Restrisiko:
Risiko, das grundsätzlich bleibt, auch wenn Maßnahmen zur Verhinderung / Verminderung der erkannten Risiken getroffen sind.

Für alle getroffenen Maßnahmen haben die Prinzipien von:

- Angemessenheit,
- Ausgewogenheit und
- Durchgängigkeit

zu gelten.

20.4 Checkliste zur Klärung von IT Sicherheitsproblemen

- Was ist das Problem?
- Was ist nicht das Problem?
- Warum besteht dieses Problem?
- Was ist die „Zielsetzung" des Problems?
- Wer ist von dem Problem und seinen Auswirkungen direkt oder indirekt betroffen?
- Wer ist vom Problem nicht betroffen?
- Womit bewältigen Sie aktuell das Problem (Dokumente, Verfahren, Aushilfskräfte, IT Applikationen, ...)?
- Wo im IT Sicherheitsmanagement tritt das Problem auf?
- Wie kann das Problem beseitigt werden?
- Welches sind die Anforderungen in die Problemlösung (Prioritäten, Kosten, etc.)?

21 Ihre Toolbox zum Maßnahmenkatalog!

21.1 Inhalt Maßnahmenkatalog

Der Aufbau des Maßnahmenkataloges richtet sich aus einerseits nach den Standorten und andererseits nach den Untersuchungsbereichen der Ist Analyse und der Risikoanalyse.

- Organisation und personelle Sicherheit
- Physische und umgebungsbezogene Sicherheit
- IT-Infrastruktur
- Hard- und Software
- Netzwerk
- Sicherheit der Daten
- Sicherheit der Softwareentwicklung
- Einhaltung Datenschutzgesetz

21.2 Klassifikation der Maßnahmen

- Klassifikation
  - organisatorisch,
  - technisch,
  - organisatorisch und technisch
- Priorisierung der Kosten
  - externe,
  - interne
  - einmalig,
  - regelmäßig

22 Ihre Toolbox zu IT Sicherheitsrichtlinien!

22.1 Überblick IT Sicherheitsrichtlinien

Im Folgenden sind typischerweise zu erstellende IT Richtlinien genannt:

- Richtlinien zur Zutrittsicherheit
- Richtlinien zur Zugriffssicherheit
- Richtlinien zur Klassifizierung von Informationen
- Richtlinien zur Internetnutzung
- Richtlinien zu Telearbeitsplätzen
- Richtlinien zur Netzwerksicherheit
- Richtlinien zur Fernwartung
- Richtlinien zur Vernichtung von datenschutzrelevanten Informationen

22.2 Beispiel Richtlinie zur Internetverwendung

Grundsätzlich gilt, dass der Internet Zugang des Unternehmens nur für dienstliche Zwecke benutzt werden darf. Eine private Nutzung ist nur auf ein absolutes Minimum eingeschränkt gestattet.

Das Abrufen von Internetseiten bzw. das Verbreiten von Informationen, die eine Verletzung religiöser, weltanschaulicher oder auch ethischer Empfindungen verursachen können, die rassistische, sexistische, diskriminierende Dateninhalte oder Gewalt verherrlichende Äußerungen enthalten bzw. zu Gewalttaten oder kriminellen Delikten auffordern, wird nicht akzeptiert und wird als Internet Missbrauch am Arbeitsplatz erachtet, was arbeitsrechtliche Konsequenzen nach sich zieht.

Herunterladen urheberrechtlich geschützter Software und Dateien sind nicht gestattet.

22.3 Checkliste für die Beschreibung von IT Sicherheitsrichtlinien

Bitte führen Sie folgenden Prüfungen bei der Beschreibung durch:

- Auslassungen bzw. Widersprüche?
- Mehrdeutigkeiten bzw. Ungenauigkeiten?
- irrelevante Informationen?
- Verantwortlichkeiten?
- Widersprüche zu gesetzlichen Regelungen
- Widersprüche zu firmeninternen Regelungen
- Auditierbarkeit?

23 Ihre Toolbox zum Awareness Programm!

23.1 Checkliste Awareness Programm

Diese Checkliste dient der Planung und Erfolgskontrolle von Awareness Schulungen zur Sensibilisierung in IT Sicherheitsfragen.

Awareness-Programm (regelmäßige jährliche Schulung)
Verhalten in Sicherheitszonen
Mitarbeiterbezogene IT Sicherheitsmaßnahmen
Produktbezogene IT Sicherheitsmaßnahmen
Richtiger Einsatz von Passwörtern
Bedeutung der Datensicherung und deren Durchführung
Umgang mit personenbezogenen Daten
Sensibilisierung bezüglich Social Engineering (z.B. „Aushorchen" von Passwörtern bzw. Passwortweitergabe)
Sensibilisierung bezüglich IT-K-Fall
IT-K-Fall Maßnahmen

24 Anhang

24.1 Grundlegende Begriffe

Im Rahmen dieses Kapitels werden grundlegende Begriffe beschrieben:

IT Sicherheit

Die Sicherheit eines IT Systems liegt dann vor, wenn ein ausgewogenes Verhältnis zwischen dem Schutzbedürfnis des Unternehmens und dem Aufwand für Schutzmaßnahmen erreicht ist und die gesetzlichen Bestimmungen des Datenschutzgesetzes in die Sicherheitsüberlegungen einbezogen und berücksichtigt werden.

Grundgefährdungen

Folgende Grundgefährdungen sind dabei zu betrachten:

- Verlust der Vertraulichkeit, d.h. Informationszugang für Unbefugte
- Verlust der Integrität, d.h. Modifikation durch Unbefugte
- Verlust der Verfügbarkeit, d.h. Beeinträchtigung der Funktionalität)
- Verlust der Authentizität und
- Verlust der Verbindlichkeit.

Zu diesen Gefährdungen zählen ebenso alle Gefährdungen im weitesten Sinne, wie Einwirkungen durch "höhere Gewalt", aber auch Versagen

Angestrebt wird jene IT Sicherheit, die ein ausgewogenes Verhältnis zwischen dem Schutzbedürfnis und dem Aufwand für Schutzmaßnahmen widerspiegelt, was auch manchmal heißen kann, dass keine 100 %ige Sicherheit erreicht wird. Die Einhaltung der gesetzlichen Bestimmungen, insbesondere Datenschutzgesetz, Handelsgesetzbuch, etc. ist sicherzustellen.

IT Betriebsstörung

Eine Beeinträchtigung oder Unterbrechung des IT Betriebs durch ein Ereignis, das im Rahmen der normalen IT Betriebszeiten durch betriebliche Maßnahmen behoben wird.

IT Notfall

Ein IT Notfall liegt dann vor, wenn die IT Systeme oder wesentliche Teile davon aufgrund eines Ereignisses teilweise oder vollständig beschädigt sind, bzw. durch eine Fehlbedienung sich derart verhalten, dass der Betriebsablauf schwerstwiegend gestört oder beeinträchtigt wird.

Als Notfälle im Bereich der IT werden gesehen:
- Brand und damit verbundene Ausfälle,

- Ausfälle durch technische Gebrechen (Wasser, Störungen der Stromversorgung, Überspannung,...),
- Ausfälle und Zerstörungen durch Naturkatastrophen (Erdbeben, Blitz,...),
- Ausfälle durch Explosion (Gas, Terroranschlag,...
- Fehlverhalten, Fehlbedienung, Fehler, Sabotage oder
- sonstige Ereignisse, die zu Ausfällen führen (Streik, Verkehrszusammenbruch, Absturz Flugobjekt,...).

Eine eventuelle behördliche Meldepflicht eines Notfalles ist im IT-K-Fall Plan festzuhalten. Zur Bewältigung des Notfalles können externe Hilfskräfte erforderlich sein.

Auch wenn die Bedrohung durch einen Notfall groß sein mag, so bleibt er ein isoliertes Ereignis, örtlich begrenzt und ohne Dynamik.

IT Krise

Eine IT-Krise ist eine Verkettung oder das zeitgleiche Auftreten von Störungen oder Notfällen, die mit Mitteln des laufenden Betriebs nicht zu beherrschen sind. Kennzeichen der Krise ist ihre selbständige Ausweitung, die bei Untätigkeit zu einer massiven Schadensvergrößerung führt, die nicht lokal begrenzt ist und deren Ausmaß und zeitlicher Umfang nicht abschätzbar ist. Auswirkungen der Krise bedrohen Personen, Sachwerte und / oder das Ansehen des Unternehmens in der Öffentlichkeit.

IT-K-Fall

IT Notfall und IT Krise werden auch als IT-K-Fall bezeichnet.

Katastrophe

Eine Katastrophe wird von den Behörden im Sinne der bundesländerspezifischen Katastrophengesetze ausgerufen. Im IT-K-Fall hat der Einsatzleiter des Unternehmens den Anordnungen der Behörde Folge zu leisten.

24.2 IT Sicherheitsmanagement und Normen

Folgende Normen gelten

- **ISO 27001:**
  Spezifikation für ISMS.
  ISO 27001 behandelt die Erstellung und Dokumentation eines ISMS.

  Der Standard erlaubt Organisationen, Informationssicherheit zu messen und ihr ISMS zur Selbstprüfung intern oder extern zu auditieren.

- **ISO 17799**
  beinhaltet Informationen zu rund 130 Maßnahmen, was sie bewirken, und wie sie zu implementieren sind.

  ISO17799 umfasst zehn Steuerungsbereiche (Controls), zu denen Maßnahmen eingeleitet werden sollen, um deren Zielsetzungen sicherzustellen.

Die Steuerungsbereiche sind folgende:

- Sicherheitspolitik
- Organisation der Sicherheit
- Einstufung und Lenkung der Informationswerte
- Personelle Sicherheit
- Physische und umgebungsbezogene Sicherheit
- Management der Kommunikation und des Betriebs
- Zugangskontrolle
- Systementwicklung und -wartung
- Management des kontinuierlichen Geschäftsbetriebs
- Einhaltung der Verpflichtungen

24.3 Literaturverzeichnis

- Availability Environment Classifications, Harvard Research Group (HRC), Internet
- Geschäftsprozess Management, Ihr Praxis – Leitfaden!, A. Bridi, G. Blaha, BoD Verlag, 2008
- ISO Norm 17799; Information technology – Code of Practice for Information Security Management
- ISO Norm 27001; Information technology -- Security techniques -Information security management systems - Requirements
- IT Grundschutzhandbuch, Bundesamt für Sicherheit in der Informationstechnologie (BSI)
- IT Grundschutzkatalog, Bundesamt für Sicherheit in der Informationstechnik 2007, *http://www.bsi.bund.de/gshb/deutsch/download/it-grundschutz-kataloge_2007_de.pdf*
- Katastrophenvorsorge- und Ausfallsicherheitsüberlegungen im IT Bereich, IT Angelegenheiten, BKA Wien, 2002
- Österreichisches IT Sicherheitshandbuch, Version 2.2, 2004, http://www.cio.gv.at/securenetworks/sihb/OE-IT SIHB_V2_2_Teil1.pdf
- Security, Das Grundlagenbuch, Hrsg.: M. Hein, M. Reisner, A. Voß, Autor A. Bridi, U. Fleck: „IT Sicherheitskonzept", Franzis Verlag, 2003

www.ingramcontent.com/pod-product-compliance
Lightning Source LLC
Chambersburg PA
CBHW050118230526
45470CB00004B/1894